神奇生物世界丛书

主　　编　　杨雄里

执行主编　　顾洁燕

绿色刺猬

植物天堂大揭秘一

秦祥堃　编著

上海科学普及出版社

神奇生物世界丛书编辑委员会

主　　编　杨雄里

执行主编　顾洁燕

编辑委员　（以姓名笔画为序）
　　　　　王义炯　岑建强　郝思军　费　嘉　秦祥堃　裘树平

《绿色刺猬——植物天堂大揭秘一》

编　　著　秦祥堃

序 言

你想知道"蜻蜓"是怎么"点水"的吗？"飞蛾"为什么要"扑火"？"噤若寒蝉"又是怎么一回事？

你想一窥包罗万象的动物世界，用你聪明的大脑猜一猜谁是"智多星"？谁又是"蓝精灵""火龙娃"？

在色彩斑斓的植物世界，谁是"出水芙蓉"？谁又是植物界的"吸血鬼"？树木能长得比摩天大楼还高吗？

你会不会惊讶，为什么恐爪龙的绰号叫"冷面杀手"？为什么镰刀龙的诨名是"魔鬼三指"？为什么三角龙的外号叫"愣头青"？

你会不会好奇，为什么树懒是世界上最懒的动物？为什么家猪爱到处乱拱？小比目鱼的眼睛是如何"搬家"的？

……

如果你想弄明白这些问题的真相，那么就请你翻开这套丛书，踏上神奇的生物之旅，一起去揭开生物世界的种种奥秘。

习近平总书记强调，科技创新、科学普及是实现创新发展的两翼。科普工作是国家基础教育的重要组成部分，是一项意义深远的宏大社会工程。科普读物传播科学知识、科学方法，弘扬渗透于科学内容中的科学思想和科学精神，无疑有助于开发智力，启迪思想。在我看来，以通俗、有趣、生动、幽默的形式，向广大少年儿童普及物种的知识，普及动植物的知识，使他们从小就对千姿百态的生物世界产生浓厚的兴趣，是一件迫切而又重要的事情。

"神奇生物世界丛书"是上海科学普及出版社推出的一套原创科普图书，融科学性、知识性、趣味性于一体。丛书从新的视野和新的角度，辑录了200余种多姿多彩的动植物，在确保科学准确性的前提下，以通俗易懂的语言、妙趣横生的笔触和五彩斑斓的画面，全景式地展现了生物世界的浩渺与奇妙，读来引人入胜。

丛书共由10种图书构成，来自兽类王国、鸟类天地、水族世界、爬行国度、昆虫军团、恐龙帝国和植物天堂的动植物明星逐一闪亮登场。丛书作者巧妙运用了自述的形式，让生物用特写镜头自我描述、自我剖析、自我评说、畅所欲言，充分展现自我。小读者们在阅读过程中不免喜形于色，从而会心地感到，这些动植物物种简直太可爱了，它们以各具特色的外貌和行为赢得了所有人的爱怜，它们值得我们尊重和欣赏。我想，能与五光十色的生物生活在同一片蓝天下、同一块土地上，是人类的荣幸和运气。我们要热爱地球，热爱我们赖以生存的家园，热爱这颗蓝色星球上的青山绿水，以及林林总总的动植物。

丛书关于动植物自述板块、物种档案板块的构思，与科学内容珠联璧合，是独具慧眼、别出心裁的，也是其出彩之处。这套丛书将使小读者们激发起探索自然和保护自然的热情，使他们从小建立起爱科学、学科学和用科学的意识。同时，他们会逐渐懂得，尊重与这些动植物乃至整个生物界的相互关系是人类的职责。

我热情地向全国的小学生、老师和家长们推荐这套丛书。

杨雄里

2017年7月

目　录

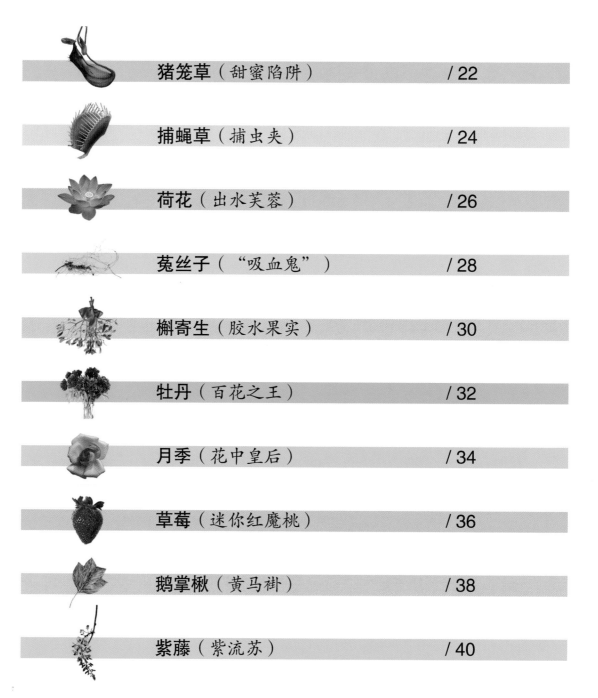

巨 藻

绰号：海底大树

我生活在浅海里，无数的"叶"交错地着生在细长的"茎"上，就像节日里装饰用的彩旗一样，长达几十米。可以骄傲地说，我是海里最长最大的植物。茎的下端紧紧地抓住海底的岩石，借助"叶柄"鼓起的气囊，将身体在海水中伸展开来。许多兄弟姐妹聚在一起，组成蔚为壮观的海底森林。

我的老家在大西洋的墨西哥湾。现在已被引种到世界各地。我是世界上长得最快的植物之一，每天可以长50厘米，一年就可以长到50多米长。每平方米海面每年可以收获75到120吨。为人们提供许多工业原料和饲料。

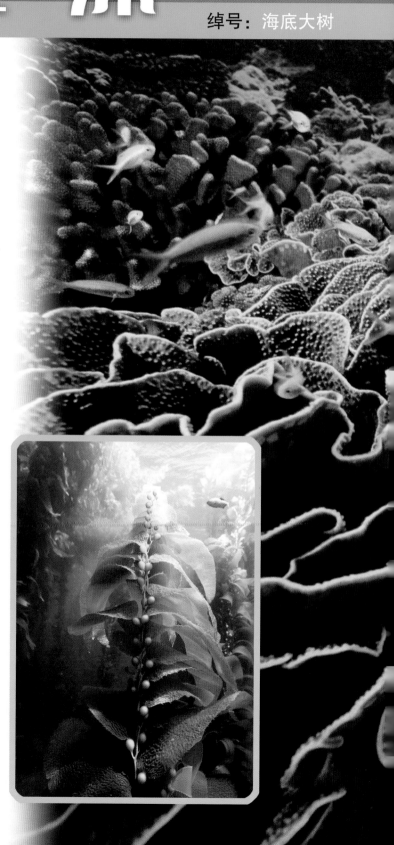

物种档案

　　全世界的藻类植物大约有3万种，主要生活在水中，漂浮生活的种类个体微小，是鱼虾的饵料；固着生活的种类体形较大，通常生活在浅水中。除了巨藻之外，比较常见的有海带和紫菜，它们都是美味的食物。

　　海带的基部也有像树根状的固着器，牢牢地抓住海底的岩石。它的身体就像一条巨型的褐色宽带子，长达5～6米，宽也有20～30厘米，中间厚，两边薄，还带着波浪形的皱褶，就像枕套四周的折叠花边，起伏不平。海带喜冷怕热，生活在亚洲东北部的日本北海道和萨哈林岛地区的浅海中。现在朝鲜半岛、中国中北部沿海都有栽培。

　　紫菜生活在浅海岩礁上，新鲜时有紫红、蓝绿、棕红、棕绿等颜色，但以紫色居多，紫菜因此而得名。紫菜大小形状易受环境的影响，通常高10～30厘米，像一片片薄的玻璃纸。

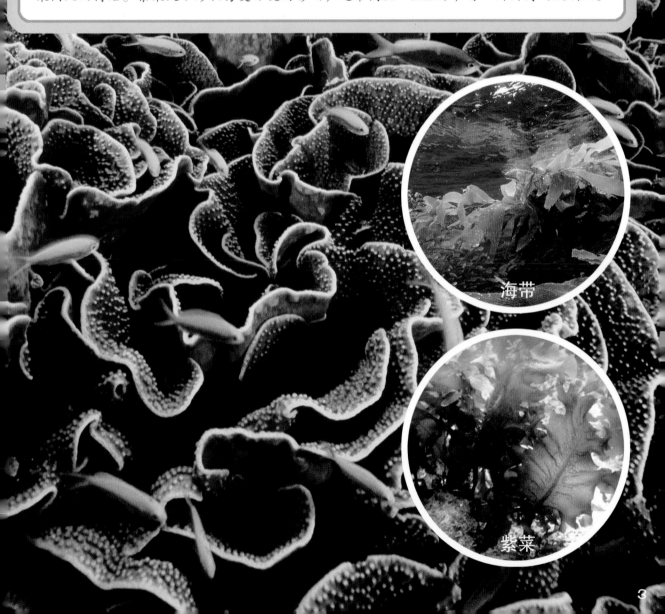

海带

紫菜

灵 芝

绰号：仙草

古时候传说我是一种能治百病的仙草，而且由于我长在深山老林，平时很难见到，所以显得特别珍贵。其实我并没有那么神奇，只是一种有一定药用价值的真菌类植物。

我生活在大树基部或者枯死的树木上，形态与其他蘑菇相似，有一根长柄，上面顶着一个大耳朵般的盖子。但是我又与一般的蘑菇不同，大多数蘑菇类植物的盖子都十分柔软，但我的盖子又厚又硬，而且表面非常光亮，好像涂了一层油漆，红中带黑，还隐隐露出各种奇妙的花纹，好像天上一朵朵云彩，漂亮极了。

冬虫夏草

绰号：动物蘑菇

我的名字很奇怪吧，好像一半是虫，一半是草。实际上我既不是虫，也不是草，而是真菌侵入昆虫身体后形成的菌虫复合体。当真菌在春夏之交寄生到昆虫体内后，就吸收昆虫的营养，与昆虫一起长大，所以，人们戏称我为"动物蘑菇"。最后真菌的菌丝越来越多，直至昆虫死亡，仅保留难以吸收的外皮。此时正值冬天，就是所谓的"冬虫"。第二年春夏时，我从虫体的头部长出一条像小草一样的细棒，伸出地面，就成了"夏草"。细棒的顶端膨大，会产生许多繁殖后代用的"孢子"。待时机成熟，这些孢子遇到适合的昆虫，再一次形成新的冬虫夏草。

物种档案

　　类似冬虫夏草这样的菌虫复合体，全世界有许多种。不同的昆虫，如蚂蚁、蝴蝶、甲虫等都可以被寄生，幼虫、蛹和成虫也都有可能成为宿主。寄生的真菌种类主要是属于子囊菌类，麦角菌科，虫草属的真菌。冬虫夏草就是一种虫草属的真菌，寄生在高山草甸土中蝙蝠蛾的幼虫上所形成的菌虫复合体。其他种类的菌虫复合体都不能作为冬虫夏草药用。冬虫夏草主产于我国金沙江、澜沧江、怒江三江流域的上游地区。四川、西藏的产量最大。

　　虫草属真菌是一大类昆虫病原真菌，迄今有记载的已达350余种。绝大多数为虫生真菌，在我国分布的有70多种。寄生于双翅目、膜翅目、鞘翅目、半翅目、等翅目、鳞翅目的昆虫和蜘蛛，大多数种寄生范围很窄，仅限于1个或少数几个种的寄主。

松萝

绰号：美髯公

我是一种低等植物。城里的小朋友很少有机会见到我。因为我生活在高山的大树上。无论在云南的玉龙雪山，还是东北的长白山，都可以看到我灰绿色的身影。像乱麻，像游丝，或疏或密，一丛丛的从树枝上悬垂下来，可以长到1米多长，就像老爷爷长长的胡须。

我的大部分小伙伴并不像我，它们更像薄薄的小纸片贴在岩石或树干上，星星点点，斑斑驳驳。颜色大多带灰色，有灰白色、灰黄色、灰褐色等。我们正式的名字叫地衣，是一类不起眼的植物。在郊外和山岭都可以找到我们。

地衣

物种档案

　　地衣是一类非常特殊的低等植物，是由藻类和菌类两种植物共同生长在一起形成的复合体。地衣的内层是藻类植物，专门负责制造营养物质；外层是真菌植物，起着保护作用和提供水分。它们之间长期紧密地结合在一起，形成固定有机体类群，具有独特的形态、结构、生理和遗传等特征。既不同于一般真菌，也不同于一般藻类。因此，通常把地衣当做一个单独的门类看待。由于地衣有着特殊的身体结构，使得它们能够忍受十分恶劣的环境。比如北极的冻土冰原，其他植物几乎绝迹，但是那里却成了地衣的天堂。是北极驯鹿的重要口粮。地衣还能在烈日暴晒的岩石上生长，甚至有人在玻璃上也见到有活的地衣。

　　不过地衣特别怕大气污染，只要空气中存在着有害物质，它们就会大量死亡。所以化工厂、发电厂、钢铁厂附近很少见到地衣的身影。它的这个特性，常用来作为监测环境空气质量的指标。

桫椤

绰号：植物恐龙

我有一根高大的树干，有两层楼那么高，粗壮通直，没有分叉。顶端聚集着许多像羽毛状的大叶片，每片有1~2米长。远远望去就像一把撑开的大伞。我的叶片与其他蕨类植物相似，提示我是蕨类的一种，但是粗壮的树干又和树木类似，所以也有人叫我树蕨。

我和其他蕨类植物一样，并不开花结果。在成熟的叶片背面，会产生成千上万的细小颗粒，我就是用它来繁殖后代的。小颗粒虽然数目多，不过只有极少数能够长成小苗。

物种档案

　　桫椤科植物是最古老的孑遗植物之一，在约1.8亿年前，它曾是地球上最繁盛的植物，与恐龙一样，同属"爬行动物"时代的两大标志。由于地质变迁和气候变化，特别是第四纪冰期的影响，加之现在大量森林被破坏，桫椤种类濒临灭绝，分布区也大幅度缩小。现在桫椤科植物在全世界共有500多种，产于热带和亚热带山地。中国有16种，分布于西南和华南地区。它们全部被列入我国二级保护植物。

　　桫椤为半荫性树种，喜欢温暖潮湿的气候，生长在冲积土中或山谷溪边林下，要求湿度大、云雾多、日照少、干湿季节明显等。桫椤孢子从萌发至形成幼苗这一过程，费时达一年以上，湿度、温度等生态因子的变化，都可能影响孢子的萌发及以后的发育进程。这种对环境严重的依赖性，使它只能在相对孤立的区域生息繁衍。

巨杉

我有两项世界纪录：一是我是世界上最高的树，可以长到100多米高，相当于30层楼；二是我还是世界上最大的生物，总重量超过3000吨，相当于450头非洲大象或者15头蓝鲸的重量。

我的茎基部直径有10多米，挖一个树洞，可以直通汽车。当然，我的寿命也很长，已经活了4000多年了。因此有人称我为"世界爷"。我虽然巨大无比，但是叶子却小得出奇，只有5毫米长，不过由于数量众多，四季常绿，也能满足我的生长需要。我们世世代代生活在北美洲的西海岸。两百年前还有大片的森林，但如今只有在自然保护区里才能看到我们伟岸的身躯。

物种档案

世界上可以长到100米左右的大树主要集中在北美洲的西部沿海地区，有巨杉、北美红杉和达格拉斯黄杉，它们都属于裸子植物。在被子植物中，最高的是澳大利亚的一株王桉，身高92米。我国的大树也有不少，东北原始森林中的红松，可以长到50米高；浙江西天目山的金钱松，当地人称"冲天树"，最高的一株有56米；台湾原始森林中的台湾杉，最高的有60米；而产于云南西双版纳的望天树，可以长到80米。

树木能长多高？很多人认为，只要有足够好的自然条件，足够长的生长时间，在没有天灾人祸的情况下，树木的高度可以达到两三百米，甚至更高。但是科学家却不这样认为。因为随着树木不断增高，水分的输送变得越来越困难。例如一株100米高的大树，估计每天要往上输送150千克的水，而每一滴水从根部送达树顶的叶片中，大约需要24天的时间。正是这个原因，限制了树木的高度。一些科学家认为，120～130米是树木生长的极限高度。超过此高度，水分将无法输送到树梢。

冷杉

绰号：圣诞树

　　我的大名大家可能比较陌生，但说起圣诞树，那可是家喻户晓的。每年的圣诞节，人们都用我来制作圣诞树。我那宝塔形的身姿，墨绿的枝叶，里面藏着小朋友们所期待的圣诞礼物。

　　我喜欢寒冷的环境，通常生活在北方或者高山上。我的叶子细细尖尖，长约2~3厘米，数量极多，有的螺旋状排列，有的两列排列在小枝上。进入生育年龄后，在枝头长出一个个圆柱形的球果，球果的形状与松树的球果差不多，但是更大更长，颜色也不同，是蓝黑色的。

冷杉

云杉

物种档案

　　虽然冷杉是最传统的圣诞树物种，不过现在欧洲用得较多的却是挪威云杉，因为挪威云杉容易栽培，价格便宜，适合普通家庭消费。

　　冷杉和云杉虽然都称为"杉"，但分类上却与杉科较远，它们与松树同属于松科。两者的区别是冷杉的球果直立生长，云杉的球果则悬垂向下。它们通常生活在高山寒冷地带或者北半球的温带地区，在那里，阔叶树几乎都是落叶的，而这些针叶树却是四季常绿的，给银色世界带来了生机。

　　从亚洲到欧洲再到北美洲，大致在北纬60°～70°之间的温带地区，冷杉、云杉和其他一些针叶树一起，连绵数千千米，形成了世界上最大的森林。针叶树树干通直，出材率高，是很好的建筑用材。北半球温带针叶林也是世界上最主要的木材基地。

圣诞树

银杏

绰号：黄金扇

我的叶片很特别，只要见到它，就知道是银杏树。整个叶片像一把小小的扇子，下面拖着一条细长的叶柄，常三五成簇，春夏浓绿，秋天金黄。每当秋风一起，不但满树金黄，地上也铺上了一层金黄的落叶，成了秋天最显著的标志。

我是裸子植物，没有果实，那像小杏子一样的"果实"，其实是种子。最外面是一层厚厚的像果肉的"外种皮"，它不能吃，要等它腐烂后，取出硬硬的核，这才是俗称的"白果"。它是我国传统的食物和药物。

白果

物种档案

　　银杏是裸子植物中最古老的孑遗植物，被列为国家一级保护植物。它是一种落叶乔木，可以长到25～40米高，胸径可达4米。银杏树生长较慢，寿命极长，自然条件下从栽种到结银杏果要二十多年，四十年后才能大量结果，因此，又有人把它称作"公孙树"，有"爷爷种树孙儿得食"的含义。

　　银杏类植物出现在2亿多年前的二叠纪，曾遍及世界各地。经过第四纪冰川运动后，家族的其他成员都已经灭绝，仅银杏一种在中国南部保留下来，所以它又有活化石的美称。也有人称它为"植物界的大熊猫"。

　　现存活在世的古银杏稀少而分散，大多出现在寺庙周围，为僧侣所栽。不过由于银杏有较高的观赏价值，近年来在城市绿化中已经广为栽培。

仙人掌

绰号：绿色刺猬

　　我的身体像一块竖立的绿饼，每年在"饼"的边缘，又长出新的绿饼，层层叠叠，肥厚多汁。可是牛羊之类的食草动物却不敢碰我，因为我浑身上下长满了坚硬的刺，它们就像老虎遇见了刺猬，想吃却无从下口。

　　我的老家在美洲炎热的荒漠地带，那里阳光强烈，雨水稀少，一般的植物很容易就被晒干。而我却能很好地适应那种环境。我的叶子变成了尖刺，变成了自我保护的武器。身体表面还有一层厚厚的蜡层，这样就可以防止水分的过度散失，虽然叶子不能进行光合作用了，但是不要紧，我的身体就是绿色的，靠它同样也能制造养料。

物种档案

　　我们知道，水是植物的命根子。在水分奇缺的热带荒漠中，为什么仙人掌能安然生存呢？原来它们有一套节约用水的特殊本领。首先，一般植物表面积最大的是叶片，水分主要通过叶片散失，而仙人掌的叶片变成了刺，大大减少了蒸腾面积。其次，改变了生活模式，蒸腾作用与环境温度成正比。一般植物白天把气孔打开，吸收空气中的二氧化碳进行光合作用，在这同时，身体内的水分也从气孔中散发出去，夜晚无光时，气孔也关闭了。仙人掌的气孔却在晚上开放，让二氧化碳进入体内，然后固定，到了白天则气孔关闭，防止水分散失，同时依然能够利用阳光和晚上固定的二氧化碳进行光合作用。科学家称之为"景天酸代谢植物"。此外，仙人掌肥厚的身体中贮藏有大量的水分，外面还有一层不透水的蜡质层，把水分保护得严严实实，就好像一个小水库，需要时慢慢取出使用。

火龙果

绰号：霸王花

我是仙人掌家族的新贵，人们叫我火龙果。我的果实像一团愤怒的红色火球，上面长着绿色三角形的叶状体，白色、红色或黄色的果肉清香甜美，黑芝麻般的种子散布其中。由于我除了有丰富的维生素和水溶性膳食纤维，还含有一般植物少有的植物性白蛋白以及花青素，深受大家的喜爱。

我的身体由许多像棍棒状的三角柱状的节组成。常攀附在其他物体上，可达两层楼那么高。人工栽培时多被嫁接成树形。我那白色的花十分巨大，长可达30厘米，人称霸王花，让你过目不忘。

昙花　　　　　　　　　　蟹爪兰

物种档案

　　仙人掌、火龙果及类似的植物都属于仙人掌大家族，共有2 000多种。身体除了扁平的之外，还有球状、柱状、鞭状等其他的形态。但是它们共同的特点是身体肥厚，叶子变成刺状。它们有大有小，形态各异。我国引进栽培了许多观赏种类，大多是盆栽小型种类。在公园的温室中，有时，我们也能见到大个的，如球形仙人掌类的金琥，它的直径可达1米。

　　"昙花一现"说的是昙花的开花时间很短，它通常只有三四个小时，和普通植物相比，实在是太短了，而且总是在晚上开放，因为这个缘故，洁白如雪的昙花虽然很美丽，能够欣赏它开花的人却不多。昙花原本生长在热带荒漠中，那里白天非常炎热，晚上却要凉快得多。久而久之，昙花就形成了晚上开花的习性，使花朵免遭烈日炙烤。

　　蟹爪兰开花正逢圣诞节、元旦节，因此又称圣诞仙人掌。它的茎节扁平，分枝多，像吊兰那样呈悬垂状，红色的花朵开在枝条顶端，娇柔婳娜，明丽动人，特别受人欢迎。

猪笼草

绰号：甜蜜陷阱

我有一个漂亮的瓶子，这在植物里面很少见吧！那可是我的宝贝。微微翘起的瓶盖下面会分泌又香又甜的蜜汁，如果那些傻乎乎的虫子前来探访，稍不留神就会掉进瓶子里，瓶子里有消化液，这样，我就可慢慢地享受虫子大餐了。

不要以为我是光靠吃虫子生活的，其实我和其他植物一样也有叶子，主要也是靠太阳光来制造养料的。吃虫子不过是改善伙食，增加营养而已。营养丰富了，我也会开花结果。我的花很小，颜色也平淡无奇，自然不如我的瓶子那样吸引人。

物种档案

　　猪笼草是多年生藤本植物，茎木质或半木质，有3米多长，攀援于树木或者沿地面而生。它的叶构造复杂，下半部和普通的叶差不多，但是在叶片顶端长出细长的藤子来，藤的顶端扩大并反卷形成瓶状，瓶状体的形状很像南方人运猪的笼子，所以称为猪笼草。猪笼草可以长得十分巨大，可长出数百片叶片和上百个捕虫笼。

　　猪笼草属植物的野生种约有130种，主要分布于东南亚一带，其中以印度尼西亚、马来西亚和菲律宾最为丰富，中国只有一种，产在广东地区。大多数猪笼草生活在高温、高湿，并具有明亮的散射光的环境中。通常在森林或灌木林的边缘或空地上。

　　由于猪笼草叶形奇特，有很高的观赏价值，它的育种、繁殖和生产开始产业化。通过杂交培养，已经获得了超过1000种的园艺品种，可进入家庭观赏。

捕蝇草

　　我叫捕蝇草，听名字就知道是食虫植物。我的叶子不大，一般5～10厘米长，扁平的叶柄常被误认为是叶片，而叶柄顶端的叶片变成了一个"捕虫夹"。叶片肥厚，中间还有一条线，把叶片分为两半，腹面通常是红色或者橙色，就像一只张开的贝壳，又像一只张开的血盆大口，叶片边缘有像眼睫毛那样的长刺毛。

　　我的叶片可以随意开闭，只要有昆虫飞来，触动了叶边缘的刺毛，两半叶片就会马上合拢，两边的刺毛相互交错咬合，使猎物无法逃走。直到猎物完全消化，叶片再舒展开来。

茅膏菜

物种档案

　　全世界的食虫植物约有600种。它们捕虫的方式各异，一般都是引诱猎物自投罗网，猎物主要为昆虫和蜘蛛。

　　食虫植物捕虫绝非为了尝鲜，而是谋生的手段。它们通常生长于土壤贫瘠，特别是缺少氮素的地区，例如酸性的沼泽和沙漠化地区。而氮恰恰又是植物生长所必须的养料。经过长期的进化，它们形成了能够捕虫的习性，利用昆虫体内丰富的氮素满足生长的需要。

　　茅膏菜又叫毛毡苔，是一种比较常见的捕虫植物。它的圆形小叶只有硬币那么大，上面长有几百根小腺毛，笔直竖立着，好像在叶片表面铺了一层毛毡。腺毛顶端都有一滴"小露珠"，那是它们分泌出来的黏液，黏性特别强，还带有香味，能吸引小昆虫自投罗网。一旦小昆虫落到叶面上，黏液就会把猎物粘住。而且当昆虫挣扎时，附近的腺毛会主动靠过来，像无数只小手紧紧拉住猎物，直至消化完毕。然后腺毛会向四周张开，等待下一顿美餐。

荷 花

绰号：出水芙蓉

我生活在浅水河塘中。每到夏天，硕大的花朵和圆盘状的叶片总会使大家流连忘返。花朵直径有20多厘米，由十多片粉红色花瓣组成，清新淡雅，亭亭玉立。我的花蕊很奇特，雄蕊的花丝是黄色的，环绕着绿色的雌蕊，仔细看来，扁平的雌蕊上均匀地散布着深色的小点。花谢之后，雌蕊就长成一个莲蓬，就像一个朝天的花洒，怪不得有人把花洒称为莲蓬头。

我的叶片也很特别，上面的雨水总是形成一颗颗圆滚滚的水珠，晶莹剔透。原来，荷叶的表面有一层细细的密毛，它们使水珠不易散开，变成滚动的水珠。

藕

物种档案

　　荷花有许多别名，常见的有莲花、芙蓉等。它与鹅掌楸一样，是被子植物中起源最早的植物之一，被称为"活化石"。早在一亿多万年前的白垩纪，北半球的水域中分布有10多种荷花类的植物。在后来漫长的年代里，经过气候反复变化的洗礼，现仅幸存2种，除了荷花之外，还有美洲黄莲。

　　藕是荷花横生于淤泥中的肥大地下茎。藕的横断面有许多大小不一的孔道，这是荷花为适应水中生活而形成的气腔。这种气腔在叶柄、花梗里同样也存在，它们互相贯通。因为水底污泥中缺少空气，要是没有这些气腔，植株很容易被淹死，腐烂。在藕上还有许多细小的运输水分的导管，导管壁上附有螺旋状增厚的纤维素。在折断藕时，这些增厚的纤维素脱离，成为螺旋状的细丝，直径仅为3～5微米。这些细丝很像被拉长后的弹簧，在弹性限度内不会被拉断，一般可拉长至10厘米左右。这就形成了"藕断丝连"。

菟丝子

绰号："吸血鬼"

　　我和其他植物不太一样哦。我不是绿色的，也没有叶片，乍一看就像杂乱无章的黄白色细绳，缠绕攀爬在其他植物上。不过只要你留心，那些聚在一起的黄绿色小花以及小球状的果实，还是表明我是一种植物。

　　我身体不是绿色的，是因为缺乏叶绿素。叶绿素对普通的绿色植物是至关重要的，因为它是制造养料的"工厂"，植物生长需要的养料，都要靠它们进行光合作用来得到。虽然我不能制造养料，但是我可以像动物那样获取现成的养料。我缠绕着其他植物，并长出许多小吸盘，伸到它的身体中，吸取它所制造的养料。所以人们叫我"吸血鬼"。

物种档案

　　菟丝子约170种，广泛分布于全世界的暖温带，主产美洲。我国有8种。菟丝子是一年生寄生草本植物，缺乏根与叶的构造。植株以吸器附着寄主生存，寄主广泛，以木本植物为主，也可危害草本植物。

　　每株菟丝子能产生5 000～6 000颗种子，种子小，光滑，在土壤中可存活数年之久。种子萌发时幼芽无色，丝状，一端附着在土粒上，另一端在空中旋转，碰到寄主就缠绕其上，在接触处形成吸根。进入寄主组织后，部分细胞组织分化为导管和筛管，与寄主的导管和筛管相连，吸取寄主的养分和水分。此时初生菟丝子死亡，上部茎继续伸长，再次形成吸根，茎不断分枝伸长形成吸根，再向四周不断扩大蔓延。严重时整株寄主布满菟丝子，使受害植株生长不良或死亡。

槲寄生

绰号：胶水果实

我叫槲寄生，顾名思义是槲树上的寄生植物，可是我有枝有叶，身体碧绿，怎么看也不像是寄生植物。不过我生活在大树的枝条上，没有根，就靠嵌入寄主的身体，吸收寄主的水分和无机盐。离开了寄主，我将无法生存。

我的果实成熟后，呈半透明状，颜色鲜艳，吸引鸟类前来取食。由于果肉有较强的黏性，常粘在鸟喙上，小鸟如果用力甩还甩不掉的话，就会将喙放在树枝上剐蹭，这样，我的果实就依靠胶状的果肉粘贴在树枝上了。所以，人们叫我"胶水果实"。不久之后种子萌发，新的植株很容易就找到了新的寄主。

列当

物种档案

  种子植物绝大多数是依靠光合作用自己养活自己的，只有少数种类成了寄生植物。通常根据寄生程度的不同，把它们分为两类：一类是半寄生的种子植物，它们有叶绿素，能进行正常的光合作用，但根多退化，导管直接与寄主植物相连，从寄主植物内吸收水分和无机盐，如槲寄生；另一类是全寄生的种子植物，它们没有叶片或叶片退化成鳞片状，不能进行正常的光合作用，导管和筛管都与寄主植物相连，从寄主植物内吸收全部或大部分的养分和水分，例如，菟丝子。

  列当是我国传统的中药，它也是一种寄生植物，寄主是菊科蒿属的植物。秋天，列当的种子萌发，直接进入寄主的根部慢慢长大，第二年春夏季节，茎从地下长出，开花结果。列当植株密被绵毛，三角状的叶片黄褐色，不能进行光合作用，茎顶端开着一串密密麻麻的蓝紫色小花。

牡丹

绰号：百花之王

　　我被尊为"国花"，花大色艳，高贵典雅，素有"国色天香""花中之王"的美誉，自古以来就深得人们喜爱，在中国可谓是家喻户晓。历代画家、诗人的笔下，都有我美丽的身影。如今在城市里，几乎每个公园都有我的踪迹。每到暮春时节，"谷雨三朝看牡丹"，这永远是一场隆重的保留节目。

　　我最吸引人的是花朵。当春天到来时，在枝条的顶端结出一个乒乓球大小的花蕾，然后花瓣渐渐向四周展开，直径可达20～30厘米，中间露出一大蓬金黄色的花蕊。花朵大，形状美，再配上环绕四周的绿叶，千娇百媚，分外动人。

物种档案

　　牡丹原产于我国中西部山区，是中国特有的名贵木本花卉。早在1 500多年前，中国就开始了人工栽培。到现在，已经培育了1 000多个品种，花的颜色也有白、黄、粉、红、紫红等多种。原始的牡丹花瓣的数目10～15枚，但是许多栽培品种的雄雌蕊常有瓣化现象，花瓣数目可达25～30枚。中国著名的牡丹之乡有河南洛阳、山东菏泽以及四川彭州，它们都有相当规模的牡丹产业。

　　从唐朝开始，牡丹就远渡重洋引种到国外。受到世界各国人民的珍爱。目前日本、法国、英国、美国等二十多个国家均有牡丹栽培，外国园艺家也培养出了许多牡丹新品。

　　除了观赏之外，牡丹的根皮可以药用，是传统的中药。另外，牡丹的种子可以榨油，是一种新开发的高品质木本油料作物。

月 季

绰号：花中皇后

我是园艺界的宠儿，几乎世界各地的花圃、公园、花店都有我的身影。我最大的特点是开花的时间特别长，从3月至11月一直开个不停，因此我又有"月月红""长春花"等别称，当然，要数春季开花最多，最好。

我有各种身姿，灌木状的、藤状的、树状的、铺地生长的；也有各种花型，小型的、大型的、单生的、丛生的；更有缤纷的花色，黄的、白的、红的、紫的……很少有植物能像我这样有如此多的变化。不过我们有大致相同的枝叶，枝条是木质的，上面有扁平的刺；叶片是由5~7片小叶片组成的"羽状复叶"。

物种档案

　　我们平时所说的月季，并不是植物分类学上种的概念。而是蔷薇属中所有园艺栽培品种的总称，也称现代月季。

　　蔷薇属的野生植物有200多种，包括我们耳熟能详的"蔷薇""玫瑰"，栽培的品种更是超过了3万种。它们的英文名字都叫"某某Rose"。那些栽培品种介绍到国内，如何译成中文名呢？由于没有统一的规则，比较混乱。地栽、盆栽的常被称为"某某月季"，而花店里的切花、提炼香精用的或食用的常被称为"某某玫瑰"。其实，它们都是蔷薇属中的栽培品种，并不是分类学上的"月季"和"玫瑰"。

　　分类学上的月季也称中国月季，可能是蔷薇属中最早被用来观赏栽培的物种之一，它原产于中国，至少已经有2000多年的栽培历史。21世纪美国和欧洲的园艺学家利用它与当地的品种广为杂交，精心选育。培育出的现代月季品种达一万多个。因此中国月季被称为现代月季之母。

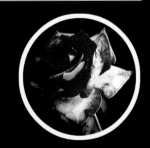

草莓

绰号：迷你红魔桃

大家一定很熟悉我吧。我那心形的果实鲜红亮丽，远看很像小红桃；我的果肉多汁，含有特殊的浓郁水果芳香，"迷你红魔桃"的外号由此而来。作为冬春季节特有的新鲜水果，我广受欢迎，草莓蛋糕更是小朋友们的最爱。

我那红红的果实有人称它为浆果，其实它和葡萄、苹果之类的浆果还不一样，通常浆果的表面都是光光的，而我的表面却镶嵌着黑芝麻般的细小颗粒。原来一般的果实都是由花蕊中的一个雌蕊受精之后发育而来的。但是我的"果实"不是由雌蕊发育而成，而是由着生雌蕊的花托部分膨大而形成的。那些细小的黑色颗粒才是我真正的果实。

物种档案

　　不要看草莓的果实个头不小，但是它的植株只是一种匍匐在地面上的小草，每一丛有四五张叶片，每张叶子是由一根叶柄和顶上的三片小叶片构成，称为"三出复叶"。叶丛中常会长出细长的匍匐枝条，枝条的顶端又会长出新的植株。在繁殖季节，从叶丛基部抽出一根花枝，有5～10余朵花。其实，草莓的花也很漂亮，白色的花瓣，黄色的花蕊，清新淡雅。

　　草莓属植物约有20多种，分布于北半球温带和亚热带地区，我国有8种。目前普遍栽培的是园艺杂交种，起源于亚洲、欧洲、美洲野生种的杂交后代，是一种八倍体植物，世界各地均有栽培。经过多年的培育，已经形成了许多品种，结果期也有早、中、晚各种类型，因此市场集中供应时间也大大延长，从11月一直延伸到第二年的四五月。

鹅掌楸

绰号：黄马褂

　　我的叶子很奇特，一眼就能看出与其他植物的区别。叶片的形状有点像大白鹅的脚掌，但是更像是古代人穿的马褂；叶片的顶部平截，犹如马褂的下摆；叶片的两侧平滑或略微弯曲，好像马褂的两腰；叶片的两侧端向外突出，仿佛是马褂伸出的两只袖子。所以鹅掌楸又称马褂木。到了秋天，叶色金黄，非常美丽。

　　我的花与叶相比就不十分起眼，一朵花单生在枝顶，花的外面淡绿色，里面金黄色，6枚花瓣围成一圈，形似郁金香花。因此，也有人称我为郁金香树。

鹅掌楸树形端正，叶形奇特，是优美的庭荫树和行道树种，无论丛植、列植或片植于草坪，均有独特的景观效果。它对有害气体的抗性较强，也是工矿区绿化的优良树种之一。

鹅掌楸属的植物在中生代白垩纪中期就已经出现。到了新生代第三纪，广泛分布于欧亚大陆和北美洲，第四纪冰川以后仅仅残存鹅掌楸和北美鹅掌楸两种，成为孑遗植物。也是作为东亚与北美洲际间断分布的典型实例，对古植物学系统学有重要科研价值。

中国科学家通过40年不懈努力，用中国鹅掌楸"母本"与美国鹅掌楸"父本"杂交，成功培育出特别漂亮的杂交鹅掌楸，获得了国家科技进步二等奖。2008年的奥运会上，杂交马褂木幸运地成为指定树种，成了"奥运树"，在奥运新建场馆、道路、庭院以及周边环境绿化中扮演主角。

紫藤

绰号：紫流苏

春天，休眠了一冬的我苏醒了，长出了毛茸茸的嫩枝。先是大串大串的花朵垂挂下来，远看好像许多悬挂着的紫色流苏花边，又好像许多紫色的小蝴蝶聚在一起，十分壮观。接着一张张带着红褐色的嫩叶也舒展开来，每张叶子由7～13张小叶组成，左右排列在叶轴两边。紫穗满垂缀以稀疏嫩叶，十分优美。

我善于攀爬，在野外，我常缠绕在大树上，在庭院中，我攀爬在棚架上，枝繁叶茂。我的主干粗壮，枝条分叉极多，粗粗一看，枝条的生长似乎毫无规律，其实我总是朝着一个固定的方向，总是朝右缠绕生长。

紫藤原产我国中部地区，现在世界各地温带地区都有栽培。我国自古以来就将它作为庭园棚架植物栽培，由于它的攀爬能力特别强，所以现在成了公园露天回廊中首选的优良遮荫植物之一。成年的植株茎蔓蜿蜒屈曲，开花繁多，枝叶绿荫浓密，瘦长的荚果迎风摇曳，历代中国文人都喜欢以它为题材咏诗作画。

紫藤对二氧化硫和氧化氢等有害气体有较强的抗性，对空气中的灰尘有吸附能力，在绿化中已得到广泛应用，尤其在立体绿化中发挥着举足轻重的作用。

紫藤还是长寿树种，各地有许多超过百年的古藤，上海市闵行区有一个紫藤镇，就是因为有一株四百多年古藤而得名。

图书在版编目（CIP）数据

绿色刺猬：植物天堂大揭秘一 / 秦祥堃编著. — 上海：上海科学普及出版社, 2017
（神奇生物世界丛书 / 杨雄里主编）
ISBN 978-7-5427-6952-7

Ⅰ.①绿… Ⅱ.①秦… Ⅲ.①仙人掌科－普及读物 Ⅳ.①Q949.759.9-49

中国版本图书馆CIP数据核字（2017）第 165794 号

策　　划	蒋惠雍
责任编辑	柴日奕
整体设计	费　嘉　蒋祖冲

神奇生物世界丛书
绿色刺猬：植物天堂大揭秘一
秦祥堃 编著
上海科学普及出版社出版发行
（上海中山北路832号　邮政编码 200070）
http://www.pspsh.com

各地新华书店经销　　上海丽佳制版印刷有限公司印刷
开本 787×1092　1/16　印张 3　字数 30 000
2017年7月第1版　2017年7月第1次印刷

ISBN 978-7-5427-6952-7
定价：42.00元